I0059110

TRAICTÉ
OV VSAGE DV
QVADRANT
ANALEMATIQVE,

Par lequel auec l'ayde de la lumiere
du Soleil, on trouue en vn inftant
fans Ayguille Aymantée la ligne
Meridienne. La Defcription des
Horloges Solaires, & la plufpart
des Phœnomenes appartenant au
Soleil.

Par le Sieur de VAVLEZARD
Mathematicien.

BIBLIOTHEQUE ROYALE

A PARIS,
Pour l'Autheur.

Ruë S. Iacques, au Globe Celefte.

M. DC. XXXX.

¶¶¶¶¶¶¶¶¶¶¶¶¶¶¶¶

A MONSIEVR
BRVLART,
CONSEILLER DV ROY
EN SON GRAND CONSEIL,
Seigneur de Mongeron, &c.

MONSIEVR,

Ayant recogneu qu'elle estime vous faites des Sciences Mathematiques, & de quel œil vous regardez ceux qui en font profession, mesme que vous ne rejettez nulle inuention tant petite soit elle en ces Sciences, cela m'a donné la hardiesse de vous offrir

ce petit fueillet, dans lequel on
voit le moyen de trouuer la ligne Meridienne en vn moment
sans ayde de l'Ayguille Aymantée : Comme aussi le moyen de
trasser les Horloges Solaires, &
cognoistre la pluspart des Phæno-
menes appartenãs au Soleil, vous
disant ces effects ce seroit en vain
mesme d'en declarer l'origine ny
la construction, l'Astronomie vous
estant familiere; C'est pourquoy,
ie vous prieray seulement de receuoir cecy en vostre protection
comme venant

MONSIEVR,   de

Vostre tres-humble & affectionné
seruiteur, DE VAVLEZARD.

AV LECTEVR.

AMY LECTEVR, Ayant trouué la maniere de construire vn Quadran, par le moyen duquel & l'ayde de la lumiere du Soleil, on peut outre ce que l'Ayguille Aymantée execute (ce qui est de trouuer la ligne Meridienne) traffer toutes fortes d'Horloges , d'heures esgalles Aftronomiques, prendre les inclinations, declinations des Plans, les orienter &c. ; j'ay trouué à propos de ne laiffer vne chofe fi vtile fans le communiquer l'expofant au iour, bien que j'aye obmis la fabrique de cét inftru-

ment m'eſtant cõtenté d'y faire
vne Stãpe, de laquelle on ce ſer-
uira ainſi que les propoſitiõs en-
ſeignent, & cela pour conſidera-
tion que d'eſcriuant la Fabrique,
cela m'eût obligé d'en faire la de-
mõſtration, laquelle eſtãt longue
à cauſe que la matiere le merite
euſt occupé plus de lignes que la
pratique de l'inſtrument meſme;
Neantmoins ſi ie voy que l'œu-
ure ſoit bien receu de toy, j'y
adjouſteray ceſte conſtruction,
afin que ceux qui en voudront
faire fabriquer de cuyure ou autre matiere le puiſſe faire, & en
attendant, tu excuſeras ſi ie n'ay
mis toutes les vſages que ce quadrant peut faire, corrigeant les
fautes amyablement s'il y en à.
Adieu.

DESCRIPTION DES
parties du Quadrant Analematique.

E Quadrant eſt compoſé de deux parties: La premiere eſt la baſe laquelle contient la deuxiéme (ainſi que la mere de l'Aſtrolabe fait les cartes diuerſes.)

Cette premiere partie comme baſe & fondement de toute la machine, eſtant de figure quarrée, ſera appellée, quadre.

La ſeconde partie ſera appellée cercle ou roüe des horloges, pource qu'elle contient en ſa ſuperficie deux horloges ſolaires dans l'eſpace d'vn cercle, lequel ſe meut en la concauité du quadre, ſur vne pointe ou ſtile fiché au milieu de la meſme concauité.

La mere, baſe ou quadre, eſt vne figure ſolide, ayant les quatre coſtez & les angles égaux ou droits: Au dedans duquel il y a vne eſpace ou bord capable de receuoir les noms & ſituations des parties du monde; & en outre vn cercle diuiſé en 360. parties

A

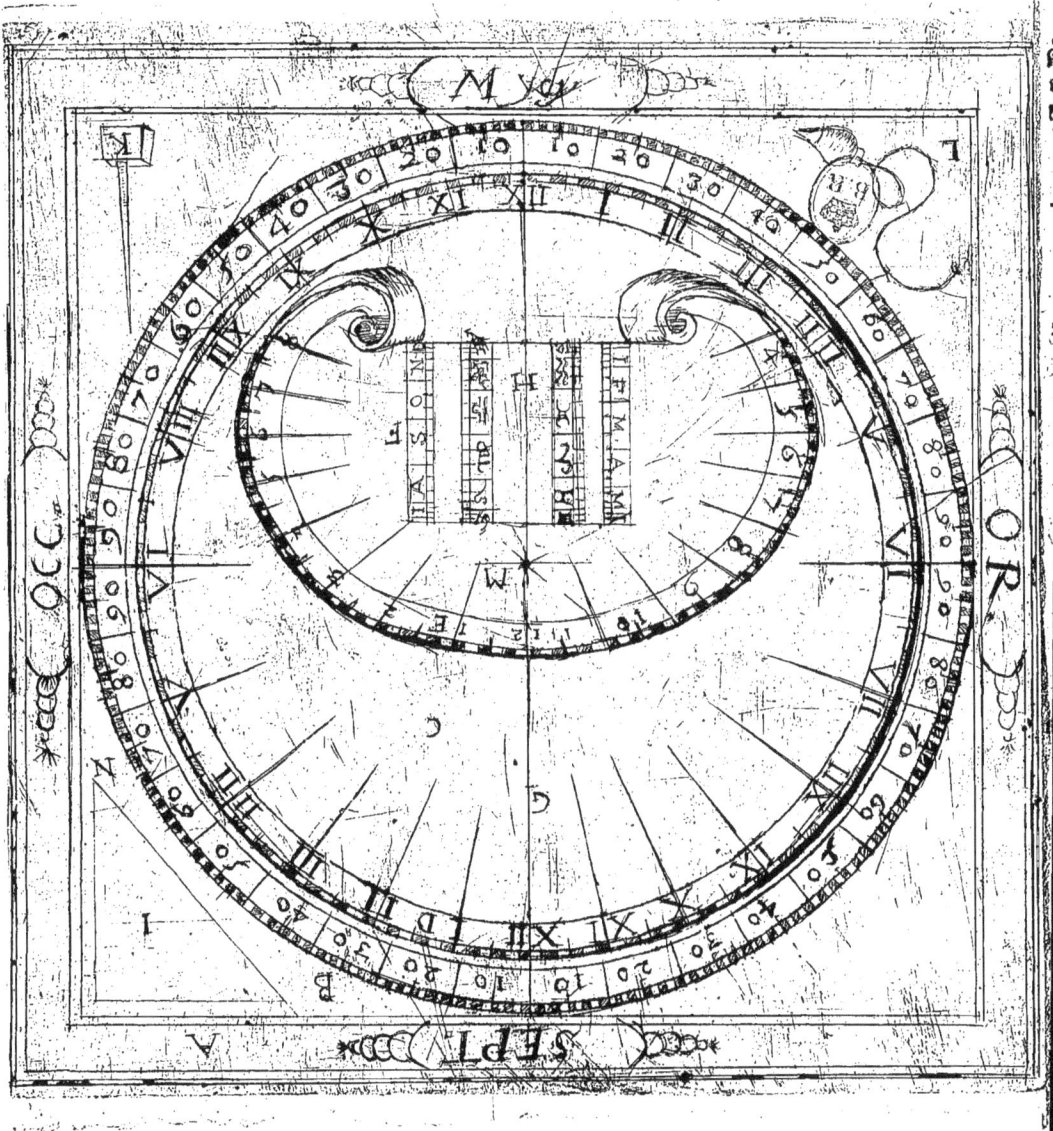

égales en quatre quartes de 90. degrez chacune: La numeration commençant au Sept. & au Midy, vers l'Orient ou Occident, lequel cercle sera appellé de declinaison.

Dans le cercle des horloges, on en descrit deux, l'vn horisótal, l'autre azimutal; l'horloge horisontal est celuy de l'horison, pour lequel le quadrant est fait ayant pour centre le centre du mesme cercle des horloges & ses heures, en la circonference.

L'horloge Azimutal est celuy qui est au dedans de la rouë des horloges, qui marque les heures par le rencontre du Soleil à l'intersection d'vn vertical auec le parallele de sa course au iour proposé.

Son stile est vne poincte perpendiculaire, representant la commune intersection de tous les verticaux, & se meut au long d'vn Zodiaque descrit au dedans sur la ligne meridienne, suiuant le iour & le degré du Zodiaque que le Soleil occupe au temps proposé.

EXPLICATION.

LE quadre A, Le cercle de declinaison B.

La rouë des horloges, C.

L'horloge horisontal, D.

L'azimutal, E.

Le Zodiac, F.

Le ſtile de l'horiſontal I, qui ſe doit mettre ſur la ligne G. & l'angle N. au poinct M.

Le ſtile de l'azimutal R. qui ſe doit couler perpendiculairement en la fente, H.

Le filet auec ſon plomb, L. lequel filet doit eſtre attaché au centre de l'horiſontal.

TRAITE' OV VSAGE DE l'Horloge Analematique, par lequel les ombres cauſez par la lumiere du Soleil on fera ces choſes.

Propoſition I.

EStant donné le iour auec vne horloge analematique faite pour l'eleuation du pole du lieu; trouuer en vn moment la ligne meridienne, & l'heure.

Pour ſatisfaire à cette propoſition, il y a peu de choſes requiſes: La premiere eſt, d'eriger le ſtile de l'horloge horiſontal, ſelon l'éleuatiõ du pole, & celuy de l'horloge azimutal ſelon le iour propoſé, c'eſt à dire le degré du ſigne que le Soleil occupe ce iour au Zodiaque. La ſeconde, le Soleil luiſant diſpoſer l'horloge, de ſorte qu'eſtant horiſontal, les deux horloges horiſontal & azimutal

marquent en mesme téps vne mesme heure
chacune de leur stile particulier, lors l'horloge sera posé selon les parties du monde, &
sa ligne meridienne sera la ligne meridienne du lieu ; l'heure sera celle que les deux
horloges marquent.

Comme par exemple, si l'heure marquée
par l'horloge horisontal est neuf heures, &
que l'azimutal marque aussi neuf heures,
l'instrument demeurant en sa scituation aura la ligne meridienne, dans le plan du meridien du lieu, & lors il sera neuf heures.

NOTE.

Il faut noter que ces heures peuuent estre
marquées d'vne mesme hauteur du Soleil
doublemēt ; sçauoir par celles de deuāt midi
ou d'apres, estant également eloignées du
midy, comme on peut, tournant le cercle
des horloges faire marquer trois heures
quand il en est neuf, de mesme deux heures
en estant dix ; Et c'est pourquoy il faut iuger
à peu pres deuers quel endroit est le septentrion, afin d'y mettre vers ce costé le poinct
l'horloge horisontal qui marque douze
heures, où bien sans cette precaution ayant
disposé les horloges : De sorte que toutes
deux marquent vne mesme heure, soit
qu'elle soit deuant ou apres midy, on laissera
l'instrument en cette sorte quelque temps,

obferuant la fucceſſion des heures que
l'horloge horiſontal marquera, d'autant
que ſi c'eſt ſelon l'ordre de conter les heures du iour les horloges ſeront ſelon leur
vraye ſcituation; & ſi autrement le poinct
de la vraye heure ſera en partie contraire
de la ligne Meridienne des horloges.

Propoſition II.

EStant donné vn plan horiſontal, trouuer ſur iceluy la ligne meridienne,

Apres auoir accommodé conuenable-
ment les ſtiles aux horloges, & arreſté l'indice de la rouë d'iceux ſur le poinct du quadre qui repreſente le Septentrion, on tour-
nera tout l'inſtrument; de ſorte que la ligne
meridienne des horloges repreſente la meridienne du lieu: Puis tirant vne ligne droite au long du coſté du quadre où eſt eſcrit
Orient ou Occident, icelle ſera la meridienne requiſe.

Propoſition III.

EStant donné vn plan recognoiſtre s'il
eſt incliné à l'horiſon, & de combien
de degrez.

Nous appellons vn plan eſtre incliné à
l'horiſon lors qu'il n'eſt ny perpendiculaire
ny parallele à iceluy, & la meſure de lin-

clination eſt l'angle fait du plan incline,
auec le plan de l'horiſon.

On trouuera cette jnclination ainſi, ſoit
accommodé côme deſſus l'indice des horloges ſur le poinct du ſeptentrion, puis le
coſté du quadre qui marque le meſme Septentrion ſoit ioint au plan: de ſorte qu'il luy
ſoit perpendiculaire, côme auſſi à l'horiſon
ce qui ſera facile par le moyen du plomb,
car le filet raſſant la ſuperficie des horloges,
monſtrera le tout, ſi aprés l'inſtrument demeurant ainſi, ſoit mis le filet du plomp par
le centre: De ſorte que la poincte ou ſtile
du meſme plomb ſe rencontre entre les
degrez du cercle de declinaiſon, les degrez margrez feront ceux de l'inclination,
que s'il y auoit 60. degrez, le plan feroit
perpendiculaire, ſi nul, paralléle à l'horiſon.

Propoſition IV.

TRouuer la ligne horiſontale d'vn
plan.

Si le plan eſt verticale, cela ne ſera difficile
d'autant qu'ayant mené vne ligne droite ſur
iceluy perpend à l'horiſon, ſi on en mene
vne autre ſur le meſme plan qui coupe la
premiere à angle droicts, icelle ſera l'horiſontale.

Mais si le plan est incliné, apres auoir
disposé l'instrument comme pour prendre
l'inclination, on tirera sur le plan vne ligne
droite au long du costé de l'instrument qui
s'appuye sur le mesme plan, & cette ligne
estant coupée à angles droicts, par vne autre ligne droicte, cette coupante sera l'horisontale.

Proposition V.

TRouuer la ligne meridiene du lieu sur
vn plan proposé.

Apres auoir trouué la ligne horisontale
du plan soit posé au long d'icelle, l'vn des
costez du quadre, en sorte que le plan des
horloges soit parallele à l'horison, puis on
tourna la roüe des horloges, en sorte qu'elle
soit disposée selon les parties du monde;
cela fait l'instrument demeurant stable, si
on estend le filet, & qu'on le fasse mouuoir
au long du stile de l'horloge horisontal, &
que le mesme filet aille iusques au plan, le
passage du filet en iceluy, trassera la ligne
meridienne.

Proposition VI.

EStant donné vn plan declinant trouuer
sa declinaison.

Pour faire cecy, on appliquera comme

en la precedente propofition, le cofté du
feptentrion au plan : puis ayant accommodé le cercle des horloges felon les parties
du monde, on verra en quel endroit l'indice coupera le cercle de declinaifon & felon
la rencôtre il aduiendra les chofes fuiuâtes.

1. Si l'indice tombe au feptentrion, lors le
plan n'aura nulle declinaifon.

2. Si en l'Orient fa commune fectionauec
l'horifon fera au plan du meridien.

3. Si l'indice tombe entre le feptentrion &
l'orient, lors le nombre des degrez feront
ceux de la declinaifon du plan de l'orient,
vers le feptentrion.

4. Et quand l'indice tombera entre l'o-
rient & le midy, le nombre des degrez fera
la declinaifon de l'orient vers le midy.

Or de ce qui a efté dit de la partie orien-
tale doit eftre entenduë de la partie occi-
dentale; c'eft pourquoy il n'eft pas befoin
d'en dire dauantage.

Propofition VII.

TRouuer l'heure du leuer ou coucher
du Soleil.

On trouuera l'heure du leuer du Soleil
en cette forte, foient accommodées les horloges pour le iour auquel on veut trouuer
le leuer ou coucher, puis le Soleil luifant on

inclinera

inclinera l'inftrument, de forteque le rayon du Soleil rafe le plan des horloges, & qu'en mefme temps les deux horloges marquent vne mefme heure, & lors fur les heures du matin on verra le leuer du Soleil, & en celles du foir l'heure du coucher.

Propofition VIII.

TRouuer la grandeur du iour & de la nuict à vn propofé.

Ayant trouué par la propofition prece-dente, l'heure du coucher du Soleil on la doublera, & ce double fera la grandeur du iour entre leuer & coucher du Soleil.

Pour auoir la nuict faut doubler les heures du leuer, & on aura la durée de la nuict.

Propofition IX.

PAR le moyen de l'horloge Analema-tique traffer quelque horloge d'heures égalles fur quelque plan que ce foit.

Les horloges fe defcriuent fur diuers plans comme horifontaux, verticaux, decli-nans, polaires, &c. lefquels neantmoins auec l'ayde de noftre inftrument ce décriuent facilement prefque en mefme façon, & afin de dire la maniere de faire telle chofe, nous mettrons les differences qui ce rencontrent en la conſtruction des vns & des autres.

Premieremēt, pour d'écrire l'horiſontal,
on accommodera l'inſtrumēt comme pour
prendre la ligne meridienne, & eſtant diſpoſé ſelon les parties du monde, on eſten-
dra le filet attaché au centre des horloges
au long de chacuue des lignes des heures
de l'horiſontal, marquant à chaque poſition
du filet vne ligne droicte ſur le plan propoſé, & icelles ſerōt celles des heures de l'horloge demandé auquel on donnera le nombre des heures de l'horloge de l'inſtrument
par le moyē deſquels elles ont eſté traſſées.

On continuera ces lignes iuſques à ce
qu'elles ce rencontrent au centre, & pour le
ſtile il ſera fait comme celuy de l'horloge
horiſontal de l'inſtrument ayant l'angle
qui montre l'éleuation du pole, poſé au centre, le reſte ſur la ligne meridienne vers le
Septentrion & eſleué perpendiculairement
ſur le plan.

Couſtumierement on poſe le ſtile premier que detraſſer l'horloge, lequel on ce
contante de faire auec vne pointe eſleuée
perpendiculairement; c'eſt pourquoy, on a
que faire cy-apres de chercher l'angle de
l'éleuation du pole ny la ſcituation du ſtile
apres l'horloge faite, & nous entendons
ces choſes eſtre faites en la ſuitte.

Maintenant ſi le plan n'eſt horiſontal,
mais vertical, declinât, &c. apres auoir fiché
vn ſtile, on cherchera la ligne horiſontale,
& apres auoir mis l'vn des coſtez du quadre
contre le plan, de ſorte que la ſurface des
horloges ſoit horiſontale on deſpoſera
iceux horloges ſelon les parties du monde,
puis en tendant le filet au long de la ligne
du ſtile qui repreſente l'axe du monde on
fera en ſorte reculant ou auançant l'inſtrument iuſques à ce que le meſme filet raſe la
pointe du ſtile, & lors l'inſtrument ſera con-
uenablement poſé ſi en continuant de pro-
longer le ſtile, & qu'il vienne à rencôtrer le
plan le point de rencontre ſera le centre de
l'horloge. Pour auoir les points des heures,
l'inſtrument demeurant immobile on éten-
dra le filet au long de la ligne des heures iuſques à l'horiſontale, marquant vn point à
chacune extention, & du centre trouué par
iceux, tirant des lignes droictes elles ſeront
celles des heures de l'horloge requiſes, auſ-
quelles lignes on marquera le nombre des
heures de l'horloge horiſontal de l'inſtrument par le moyen deſquelles les poincts de
leur paſſage en la ligne horiſontale ont eſté
trouuez.

Mais il peut aduenir que l'on ne peut auoir
de centre, comme aux plans polaires, ou

qu'il eſt ſi éloigné qu'il ne peut eſtre trouué
dans le plan, & lors on fera ainſi.

Ayant laiſſé l'inſtrument diſpoſé comme
deſſus, on prendra en premier lieu la ligne
meridienne, comme il a eſté enſeigné en la
propoſitions. Puis poſer le filet ſucceſſiue-
ment ſur chacune des autres heures qui ſont
de part & d'autre de celle de 12. heures du
coſté oppoſé à iceluy que le plan, regarde ſur
lequel on veut traſſer l'horloge, (c'eſt à dire,
ſi le plan regarde le Midy, vers la partie du
Midy des horloges, ſi du Septētrion, du Septentrion &) puis étendant le filet, de ſorte
que coupât l'axe ouſtile de l'horiſontal con-
tinuë vienne à fraper le plan propoſé & le
point ſera vn de ceux par leſquels paſſe la ligne horaire, portāt le nō de celle ſur laquelle on aura arreſté le filet, cōme l'ayant arreſté ſur deux heures, ce point marqué ſera en
la ligne de deux heures de l'horloge à d'eſ-
crire : & pour menner vne telle ligne on re-
gardera le point qui a eſté marqué en l'horiſontale ſignifiant deux heures, & tirant d'i-
celuy au dernier marque vne ligne droicte
elle ſera celle de deux heures, & faiſſant ainſi
des autres on aura l'horloge demandé.

NOTE.

On notera de ce que nous auons dit, chercher la ligne horiſontale, eſt de poſer la

quadre contre le plan ; de ſorte que ſon coſté marque vne horiſontale, & que le plan
de horologe ſoit horiſontal, d'auſât qu'vne
horiſontale priſe à plaiſir, ſans conſiderer
la hauteur du ſtile ne ſatisferoit aux condi-
tions requiſes.

Propoſition X.

EStant donné le plan de quelque choſe
en la campagne l'orienter.

Orienter eſt trouuer la ſcituation d'vn
lieu au reſpect des parties du móde, Orient,
Occident, Septentrion, & Midy.

Pour faire cela, il n'y à qu'à prendre la declinaiſon d'vn des murs ou coſtez de la choſe au naturel, ainſi qu'enſeigne la propoſition. Et lors qu'on voudra orienter la repre-
ſentation ou le plan on fera decliner ce mur
ou coſté, de meſme que l'on a trouué par
obſeruation, & faiſant vne roſe des parties
du monde, ſur le plan on leur donnera les
noms conuenables ainſi qu'ils ont eſté trouuez, par l'inſtrument.

Propoſition XI.

TRouuer la grandeur d'vn angle propoſé ſoit fait de murailles ou lignes ſur
la terre.

Soit que l'angle ſoit fait de murailles ou

lignes, c'eſt touſiours de meſme, nous dirons ſeulement lignes.

Ayant pris la declinaiſon des lignes comprennent l'angle, on conſiderera ces choſes; ſçauoir.

1. Ou la declinaiſon de toutes les deux lignes ſont de l'orient ou occident vers vn meſme pole.

Et lors la difference entre les declinaiſons eſt la grandeur de l'angle.

2. L'vne & l'autre declinaiſon de l'orient vers l'vn & l'autre pole, ou de l'occident vers les meſmes.

En ce cas il faut adiouſter les declinaiſons & la ſomme ſera ce que l'on cherche.

3. La declinaiſon eſtant de l'orient & occident vers vn meſme pole.

Il faudra adiouſter les declinaiſons enſemble, & oſter leur ſomme de 180. degrez.

4. Finalement l'vne des declinaiſons contenant de l'orient vers l'vn des poles, & de l'occident vers l'autre.

Alors on adiouſtera la moindre declinaiſon auec 180. degrez, & de la ſomme on oſtera la plus grãde, & le reſte ſera l'angle requis.

Propoſition XII.

EStant donné vn angle en degrez le traſſer à la campagne.

Il faut difpofer le quadre, de forte qu'au long d'vn des coftez d'orient ou occident ayant le feptentrion deuant, on voye la ligne fur laquelle on veut faire l'angle, puis on tonrnera la rouë des horloges, afin de trouuer la ligne meridienne, marquant le nombre de degrez que l'indice marquera, puis fi l'autre ligne de l'angle doit eftre à dextre, on comptera du poinct auquel l'indice fe rencontre le nombre des degrez du feptentrion à l'occident, & fi c'eft vers feneftre du feptentrion vers l'orient, cela fait tournant l'inftrument & l'accommodant felon les parties du monde, fi felon le mefme cofté du quadre on fait tirer vne ligne droite, auec des piquets elle fera auec la premiere l'angle requis.

Cette propofition & la precedente font vtiles à leuer le plan de quelque place, le raporter, & mefme de traffer fur la terre: Nous enfeignons en la Geometrie ce que nous auons delaiffé, pource que ceux qui fçauent la Geometrie y pourront fuppléer, mefme que mon objet n'eftoit que de traiter feulement des propietez de noftre inftrument, lequel à plus d'auantage en ces obferuations que la boufole la lumiere du Soleil ne luy eftant rayée.

FIN.

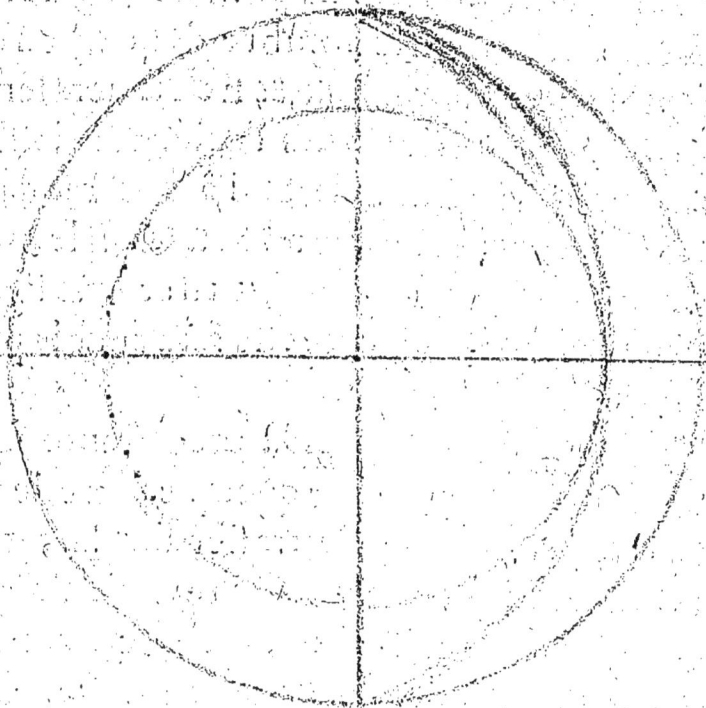

13